如果动物也有朋友圈

地下动物

知舟 著

北京理工大学出版社
BEIJING INSTITUTE OF TECHNOLOGY PRESS

用图文并茂来形容《如果动物也有朋友圈》这套书，是远远不够的。适合青少年阅读的书，一是故事性，二是趣味性，三是文学性，三者有机融合，才算优秀童书。从这个角度看，这套书做到了，作者独具匠心，构思奇特，形式奇巧，内容奇妙，科学与文学结合得浑然天成，用生动活泼的文学语言书写鲜为人知的动物知识，值得高度关注和热忱点赞。

——动物小说大王　沈石溪

儿童对于自然的好奇是与生俱来的，而在大自然的万事万物中，动物因其可爱奇特、好动有趣，是最让儿童感兴趣的。

这是一套好玩的书。不管是文风还是画风都让人忍俊不禁，我在书稿的阅读中，多次忍不住笑出声来。在动物的朋友圈中，有人晒颜值，有人晒获奖，有人晒绝技，有人晒娃；有人点赞，有人评论，生动鲜活，犹如我们人类的朋友圈，有叱咤风云的"大哥风"，有叛逆热血的"中二风"，有萌萌哒的"可爱风"，等等。

这是一套知识极其丰富的书。从地上跑的到天上飞的，从水里游的到地下打洞的，囊括了形形色色的小动物。动物们晒圈晒出了自己最重要的特点，孩子可以快速了解小动物。这种典型的微科普，非常符合孩子的认知规律。

这是一套培养孩子科学精神的书。这套书带着孩子们上天、入地、下海，探索大自然各种生命的奥秘，培养孩子的探索精神。书中大量使用悬念设问的方式，激发和守护孩子的好奇心，又不时打破坊间一些常见的错误认识，培养孩子独立思考的意识和质疑精神。对小动物拟人化的描述，有的勇敢、有的乐观、有的谨慎、有的顽强……科学的态度和人格精神也潜移默化地传递给了孩子们。

这套书稿，我真的是爱不释手。孩子，这套书可以是你的玩伴，也可以作为你手边查询的工具书，还可以作为你训练科学表达的讲解手册。

——北京自然博物馆科普教育部　高源

目 录

我是杰瑞

我是杰瑞

瞧瞧，人类是有多恨我，又把老鼠夹子支上啦。

都叫我龙猫

哈哈哈 😁，小老鼠，你是不是又偷油吃被人发现啦。

我是杰瑞

别瞎说，我都几个月没吃油了。是因为最近啃家具磨牙被他们发现了。

都叫我龙猫

说起来咱们也算远方亲戚，可我怎么就那么受人类喜欢呢？好吃好喝地供着，还每天陪我玩。

我是杰瑞

不过是被关在笼子里的宠物罢了 😶。前几天我还听到你伤心地哭呢？

都叫我龙猫

什么伤心，那是因为他们用水给我洗澡，我很害怕才惊叫的。

我是杰瑞

得了吧，惊叫才不是那样的，惊叫应该像土拨鼠那样"啊啊啊"地大叫。

尖叫的土拨鼠

小老鼠，你什么时候听见我"啊啊啊"地大叫啦？

我是杰瑞

我在人类的电脑里见过呀，他们放的视频里你张大嘴"啊啊啊"叫得挺大声呢。

尖叫的土拨鼠

那是人类给我配的音。我才不会那么叫呢。

小狐獴不萌

@我是杰瑞 天天听你聊关于人的事，你和人类住一起吗？

我是杰瑞

没办法，我活动的地方正好和人类重叠嘛。

小狐獴不萌

那你可以搬家呀，搬得远远的，搬到我们非洲大草原来。

我是杰瑞

我倒是想去，可是离得太远了，我又不会飞，怎么去？

都叫我龙猫

@好想飞的鼠 他会飞，让他带你飞过去。

好想飞的鼠

很遗憾地告诉你，我根本不会飞，只是会从高处往低处滑翔而已。要不然我取名叫"好想飞的鼠"呢。不过，我正在努力练习，希望哪天真的能飞。

我是杰瑞

是吗？我也去练习练习。哎哟！！

小狐獴不萌

怎么了，怎么了？

都叫我龙猫

这个笨蛋，它从柜子上跳下来，被老鼠夹夹住啦！

老鼠

昵称：我是杰瑞

　　老鼠俗称"耗子"，遍布全世界，能在各种各样的环境中生存。它喜欢白天藏起来，晚上出来活动。它是个近视眼，但是嗅觉非常灵敏，警惕性很强，非常聪明。

我是杰瑞
人类用开心果招待我！你们说人类是不是喜欢我啊？

某人家中

♡ 都叫我龙猫，小狐獴不萌，尖叫的土拨鼠

都叫我龙猫：什么招待你，是你又在偷吃人家的东西吧？

小狐獴不萌：胆小如鼠、贼眉鼠眼、鼠目寸光……这些你知道什么意思吗？

尖叫的土拨鼠：老鼠过街，人人喊打！这是喜欢你吗？

我是杰瑞：哈哈哈，反正我吃着开心果，很开心！

你们为什么讨厌我，却又干不掉我？

我是杰瑞 动物有话说 30 分钟前

我是"我是杰瑞"，一只小家鼠，通常都叫我老鼠。

人类非常讨厌我，主要因为我经常偷吃他们的食物、粮食，咬坏他们的家具。偷吃食物和粮食是因为我也要生存。至于家具，并不是我故意搞破坏，而是因为我的两对门牙一直在不停地长，所以我需要经常找东西磨掉多余的门牙。木头做的家具是最理想的磨牙材料。

我的这些行为给人类带来很大破坏。他们把我当成一大害，想出各种办法对付我，却怎么都除不掉我。你知道这是为什么吗？

首先，我们的繁殖能力很强。例如，我们家族中的褐家鼠，一只鼠妈妈一年可以生 15 胎，每胎可以生 3～7 只鼠宝宝。鼠宝宝只需要长 3～4 个月，就可以进行繁殖。理论上，一只鼠妈妈一年的后代可以超过 2 000 只。这就使得我们家族的数量非常庞大。

其次，我们的适应能力很强，能在很多恶劣的环境中生活，哪怕是垃圾堆都没问题。我们对吃的东西也不挑剔，只要能填饱肚子，几乎什么都吃。

最后，我们生性非常谨慎。比如吃东西的时候，我们会先少量尝试，确定食物没问题，才会逐渐增加。谨慎行事让我们避免了很多潜在的危险。

因此，虽然人类很讨厌我们，却又干不掉我们。

毛丝鼠

昵称：都叫我龙猫

毛丝鼠是一种类似兔子大小的动物，前半身长得像兔子，后半身长得像老鼠。因为受一部动画片的影响，有了一个让人更熟悉的名字——龙猫。毛丝鼠昼伏夜出，性情温顺，胆子很小，容易受到惊扰。

 都叫我龙猫
澡盆里舒舒服服地洗个澡，美美地睡一觉。

安第斯山脉

♡ 我是杰瑞，好想飞的鼠，小狐獴不萌

我是杰瑞：澡盆里的是什么东西？

都叫我龙猫回复我是杰瑞：火山灰呀！

好想飞的鼠：洗澡不是应该用水吗？

小狐獴不萌：同问，不是应该用水洗澡吗？

都叫我龙猫：不用，我最讨厌用水洗澡啦！

洗澡不用水，用灰，你说这是为什么呀？

都叫我龙猫 动物有话说 6小时前

　　诸位好，我是一只毛丝鼠，通常人们叫我龙猫。了解我的人都知道我有一个习惯，就是不喜欢用水洗澡，喜欢用灰洗澡。

　　我们生活在干旱少雨的南美安第斯山脉中，皮肤上也没有汗腺，不会出汗，所以并不需要用水洗澡。

　　我们的毛发浓密，一个毛孔就有几十根毛发，是毛发最浓密的哺乳动物之一。水很难清除毛发根部的油脂。换句话说，就算我用水洗澡也洗不干净。

　　另外，我们不仅不喜欢水，还有点怕水。如果用水洗澡会让我们觉得很紧张、很害怕。

　　好在安第斯山脉中有很多火山灰，我们就用火山灰来洗澡。我们在火山灰里打滚，细腻的火山灰可以深入毛发的根部，把皮肤上的油脂和脏东西吸在火山灰上。接着，我们不断地滚动摩擦，把吸了油脂和脏东西的火山灰抖落下来。这样，我们的身体就变得干干净净啦！

狐獴 měng

昵称：小狐獴不萌

狐獴生活在沙漠或干旱地区，过着群居生活，喜欢挖洞住在地下。身材修长笔直、四肢匀称。它们经常会用两条后腿和尾巴支撑直立起来，是一种非常可爱的动物。不过，它们非常勇猛，可以以蝎子、毒蛇为食。

 小狐獴不萌

小小狐獴，清早起床，集体出门晒太阳……

非洲南部·沙漠

♡ 尖叫的土拨鼠，好想飞的鼠，都叫我龙猫

尖叫的土拨鼠：嘿，我们也喜欢这样集体站着。

好想飞的鼠：这个图的配音应该是："看，飞机！"

都叫我龙猫：没准不是飞机，是老鹰！哈哈哈……😁

我们的沙漠生存游戏

小狐獴不萌 动物有话说 10 小时前

大家好，我是"小狐獴不萌"，是一只狐獴，通常人们也称呼我猫鼬。

我生活在非洲的沙漠里。在沙漠里生活可不是一件简单的事，那是一场关于生存的游戏。

沙漠白天非常热，夜晚会变得很冷。所以，我和我的家族成员住在沙漠下的洞里。我们每天起床的第一件事，就是站起来用肚子对着太阳暖和身子。我们的肚皮可以很好地吸收太阳光的热量。

我们躯干修长，身体不能储存脂肪，需要每天觅食，但沙漠是个缺少食物的地方。所以，植物、昆虫、蜥蜴、蜘蛛、蝎子、蛇……几乎什么都吃。其中很多东西都有毒，稍有不慎就会中毒，还好我们对很多毒都免疫。

沙漠中的危险也很多，天空的鹰、隼等猛禽，地面的胡狼都是我们的天敌。所以，我们一般集体行动。当觅食和嬉闹时，有的同伴会自动站出来充当哨兵，一旦发现危险就立刻发出警示，大家就会很快钻到地下躲避。如果来不及躲避时，我们会一起挺直腰板，或一拥而上，直到吓走敌人。

总之，在残酷的沙漠中生存，我们靠的就是团结。

旱獭

昵称：尖叫的土拨鼠

　　旱獭生活在草原、丘陵地区，体型肥大又粗壮，几乎没有脖子，四肢很短。它的爪子非常坚硬，挖洞的本领很高，挖出的洞又深又复杂。它喜欢吃浆果、牧草等，但不爱喝水。

尖叫的土拨鼠

我的表情包，请你们拿去吧！

青藏高原

♡ 我是杰瑞，都叫我龙猫，小狐獴不萌

我是杰瑞：表情包已收下，谢谢！

都叫我龙猫：表情包已收下，谢谢！

小狐獴不萌：你不是应该"啊啊啊"大叫吗？

尖叫的土拨鼠回复小狐獴不萌：你什么时候听过我"啊啊啊"大叫了？

你以为我喜欢"啊啊"大叫，NO

尖叫的土拨鼠 动物有话说 2小时前

我是"尖叫的土拨鼠"，一只旱獭，通常都叫我土拨鼠。这期文章是我写的，主要来讨论讨论我的叫声。

最近朋友圈流传一个关于我的表情包，是我在大叫，还配了一个"啊"字。因此，很多人都认为我平时喜欢"啊啊"大叫。其实，这是大错特错的。

首先，我不会像人类那样发出"啊啊"的声音，我们真正的叫声非常尖利，听起来有些刺耳。

其次，我并不喜欢大叫。早上，我钻出洞口，发出叫声，其他同伴听到后会立刻响应，一起叫。这是我们在交流，告诉大家天亮了，起床、集合、吃饭。然后，接下来的一整天中，除非遇到危险，否则我们就不会再大叫了。

我们是话痨。我们不仅话多，而且语言的种类也非常丰富，仅次于人类。我们会根据不同的敌人，发出不同的声音，这些声音传递着丰富的信息，比如可能是"有个穿蓝衣服的高个子来了"，也可能是"有个穿红衣服的矮个子来了"。

这样看来，我似乎叫"话痨的土拨鼠"更贴切。

鼯鼠 wú

松鼠科
动物

昵称：好想飞的鼠

　　鼯鼠长得很像松鼠，但身上有飞膜，可以帮助它滑翔。鼯鼠喜欢安静的环境，大多数都独自居住。它的粪便干燥后，可以做药材。

好想飞的鼠
哕啰啰，哕啰啰，寒风冻死我 👀，明天就做窝。

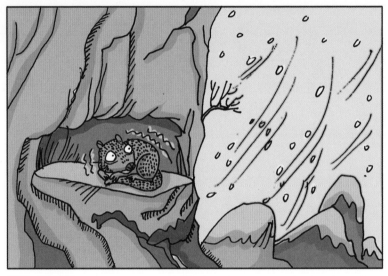

亚洲·神农架

　　♡ 我是杰瑞，小狐獴不萌，都叫我龙猫，尖叫的土拨鼠

我是杰瑞：这台词好熟悉啊，是寒号鸟的台词吧？

都叫我龙猫：我记得也是。

好想飞的鼠回复我是杰瑞：没错啊，但我的名字也叫寒号鸟啊！

小狐獴不萌：你不是鼯鼠吗？怎么又叫寒号鸟啦？ 👀

好想飞的鼠回复小狐獴不萌：因为我怕冷，喜欢叫，加上会飞，人们以

为我是鸟，就给我取了这么个名字。😬

尖叫的土拨鼠：真羡慕你会飞，哪天飞到我家来做客呀？

好想飞的鼠回复尖叫的土拨鼠：我可飞不了那么远。

从天而降的"印度飞饼"？不，那是我

好想飞的鼠　动物有话说　1天前

我来了，我来了！我是"好想飞的鼠"，一只鼯鼠。你可能没听过我的名字，但我的另外一个名字"飞鼠"，你应该更熟悉、更感兴趣。

虽然我很想飞，但其实我并不会飞，而是滑翔。我在茂密的山林中，从高处跳下来，然后伸展开四肢，身体两侧连接手腕和脚腕的皮肤会形成飞膜，就像一张"印度飞饼"，能在空中滑翔。我大而扁平的尾巴在滑翔中起到方向舵的作用。尾巴和四肢配合，可以让我在滑翔中进行180度的转弯。强劲有力的爪子，可以帮助我平稳落地。

虽然我们鼯鼠擅长滑翔，但滑翔的距离很短，平均只有6～9米。我们中的王牌飞行员是北美飞鼠，他最远可以滑翔90米。

我白天躲在悬崖峭壁的石洞、石缝或树洞里休息，夜晚外出活动。我会到处去寻找吃的，坚果、嫩枝、鸟蛋……哪有吃的，我就去哪儿。

说出来你可能不相信，我有固定的"厕所"，每当我内急需要方便时，就会到固定的地方解决。

臭屁篓子

平头大哥在吗？

平头哥

在，咋啦老弟？

臭屁篓子

今天我的孩子让几只小狐狸欺负了，我去找他们家长理论，结果被几只狐狸围住，差点挨一顿打，你说咋办？

平头哥

是谁这么横啊？ @方脸狐狸 是你吗？

方脸狐狸

关我什么事啊？我虽然也是狐狸，但一般都叫我藏狐。

臭屁篓子

不是他，是几只红色狐狸。

平头哥

他们在哪儿呢？你告诉我，我找他们去。

方脸狐狸

不是我说，那是赤狐，我们狐狸中最大的，你未必是对手。再说这又不关你的事。

平头哥

怎么不关我的事？怎么说，我们也算远方亲戚。狮子、豹子我都没放在眼里，区区几只狐狸算个什么？

住地下室的猫头鹰

我觉得这是孩子的事，不应该用暴力解决。再说，臭屁篓子也没损伤呀。

臭屁篓子

要不是放了几个臭气，趁他们愣神跑掉，这个群里就没我了，知道吗？他们还说要上门找我的茬儿呢。

住地下室的猫头鹰

那你学学我，弄点粪便堆在门口，把家弄得臭臭的，他们就不敢来了。反正你自己屁那么臭，肯定不怕臭，哈哈哈！

平头哥

没志气。

尾巴响叮当

我也不会一有点矛盾就大打出手。如果别人惹了我，我会先发出声音警告。你们也可以先警告一下对方。君子动口不动手呀。

平头哥

什么动口不动手，能动手就别吵吵，知道不？
方脸狐狸，你替我给那几个家伙递个话，叫他们现在就去臭屁篓子家等我。

方脸狐狸

抱歉，我不知道他们在哪儿。

臭屁篓子

我知道它们喜欢在什么地方活动。我带你去。

平头哥

那正好，你等等我，带我去。

蜜獾  huān

鼬科动物

昵称：平头哥

蜜獾主要生活在非洲草原，体长 1 米左右，体重 10 千克左右。别看蜜獾个子不大，长相还有点可爱，却是世界上最无所畏惧的动物。不论是毒蛇、蟒蛇，还是狮子、豹子，它都敢和它们打上一架。

 平头哥

平头白发银披风，一生都在征战中，我出门啦，诸位！

非洲·草原

♡ 方脸狐狸，尾巴响叮当，臭屁篓子，住地下室的猫头鹰

方脸狐狸：平头哥又要出门干架啦！

尾巴响叮当：平头哥啊，不是在打架，就是在打架的路上。

臭屁篓子：平头哥打架只问时间、地点，不问对手是谁，有多少人。

住地下室的猫头鹰：生死看淡，不服就干，平头哥真是偶像！👍

平头哥：不不不，我只是想打死对手，或者被对手打死！

20

个头不大的我，凭什么这么豪横！

平头哥 动物有话说 1天前

　　诸位小弟，我是"平头哥"，一只雄性蜜獾。因为我头顶比较平，而且酷爱打架，在江湖上被称为"平头哥"。

　　在非洲大草原上，毒蜂、毒蛇、蟒蛇、豹子、鬣狗，甚至是狮子，没有我不敢惹的。你们对我的实力有所了解了吧。

　　从我的本名，你就能猜到我最喜欢吃的是蜂蜜。非洲大陆的蜜蜂外号"杀人蜂"，很不好惹。可是，碰上我，对不起，锋利的爪子＋厚密的皮毛＋自带解毒剂，任凭蜜蜂怎么蜇，我都不把它们当回事儿。

　　碰上毒蛇也一样，它们的毒比蜜蜂的毒强得多，但也就是让我睡上一觉，醒来以后继续把它们当辣条吃。

　　我不仅皮糙肉厚，而且皮和肉连接比较松散。这让一些动物咬住我时，会感觉使不上劲儿。同时，我还可以在它们咬住我时，转动身体反咬它们一口。所以，就算是豹子、狮子也不敢轻易惹我。

　　不过，豹子、狮子它们的块头比我要大太多了，一旦发生冲突，我多半会被它们揍得鼻青脸肿，甚至会丢掉性命。

　　为什么我不躲着它们，还要迎难而上呢？这是因为我的眼睛欺骗了我。我的眼睛天生就是凹透镜结构，有缩小的功能，就算一头大狮子，在我看来也就是一只猫咪那么大。面对一只猫咪，我没有任何理由退让。

藏狐

昵称：方脸狐狸

藏狐生活在海拔 2 000 ~ 5 200 米的高原地带，喜欢独自居住，通常住在旱獭不要的洞穴里。和一般的狐狸不同，藏狐长了一张大方脸，而且体型短胖，完全看不出作为狐狸的高颜值，这是为什么呢？

 方脸狐狸
喜讯，我刚刚凭借这张一脸英气照片，成为动物界的新晋网红，鼓掌！

青藏高原

♡ 臭屁篓子，平头哥，住地下室的猫头鹰

臭屁篓子：什么英气，明明就是一张大方脸。

平头哥：脸方眼小，表情憨憨，行动呆滞，哪来的英气？

住地下室的猫头鹰：我觉得挺萌的，很想捏捏这张胖胖的方脸。

方脸狐狸：@臭屁篓子 平头哥 你们懂什么？我这是标准的"国字脸"。

作为狐狸家族的一员，我好方呀

方脸狐狸 动物有话说 2小时前

　　大家好，我是"方脸狐狸"，一只来自青藏高原的藏狐。最近，我成了新晋的网红，这让我一下子变得自信多啦！

　　大家都知道，我是狐狸家族的一员。古往今来，狐狸都是人们公认的外表美丽的动物。在很多书中，"狐狸精"都是非常漂亮的。

　　但我的颜值，在狐狸中却是一股泥石流。

　　比起其他狐狸，我的体型不够苗条，不仅腿短，尾巴也是又短又粗。全身的毛发不是土黄色就是灰色，完全没有其他狐狸皮毛的光泽。最最重要的是，其他狐狸有一张尖尖的瓜子脸，长长的耳朵，而我却长了一张大方脸，耳朵也很小。这让我看起来没什么灵气，就像个"面瘫"似的。

　　其实，我的祖先也是一张瓜子脸。只是因为长期生活在温度很低的高海拔地区，脸上需要厚厚的皮毛保暖。慢慢地，我们就变成了非常饱满的大方脸。

　　我主要捕食草原鼠兔，保护草原环境。这次，我成了新晋的网红，希望大家除了关注我这张大方脸之外，更多关注我对于生态环境的重要意义。谢谢！

黄鼬

昵称：臭屁篓子

　　黄鼬身披土黄色或黄棕色的毛发，身体细长，非常灵活，不仅善于奔跑，能贴着地面行走，而且还会游泳、爬树、攀墙。别看它身材很小，但很凶猛，能够捕捉比它大很多的猎物。如果碰上了狼、狐狸等强大的对手，黄鼬还有秘密武器，就是放臭屁。

 ### 臭屁篓子

最近吃坏了肚子，肠胃有点不舒服，总是放臭屁，唉！

亚洲 · 东北平原

♡ 方脸狐狸，住地下室的猫头鹰，平头哥

方脸狐狸：什么，什么？你喜欢放臭屁是因为肠道不舒服？你骗谁呀？

臭屁篓子回复方脸狐狸：真的，我真的肚子不舒服。

住地下室的猫头鹰：看着就臭得惊天动地。就这样，你还敢嘲笑我家门口臭！

平头哥：行了吧，咱俩也算远房亲戚了，会放臭气是天生的，不用找什么吃坏肚子的借口啦！

放个臭屁而已，没什么大惊小怪的

臭屁篓子　动物有话说　1天前

　　哈喽，大家好。我是"臭屁篓子"，一只黄鼬，别名黄鼠狼。这期的文章是我写的。

　　昨天我发了一个朋友圈，说自己因为吃坏了肚子才会放臭屁，其实这不过是我找的借口而已。实际上，我是天生就会放臭屁的。我的屁股上有臭腺，会放出臭气。

　　我虽然灵活、凶猛，但是身板太小了，惹不起狼、狐狸这些动物。如果和他们搏斗，我是没有胜算的。这时就得靠我的臭屁啦。我放的臭屁有很浓的臭鸡蛋气味，对手虽然不会被我的臭屁熏倒，但多半会因为无法忍受浓烈的臭味而逃之夭夭。

　　所以，臭屁可以算是我的护身法宝啦。

　　对了，还有一个事情要说一下。人们认为我喜欢偷鸡吃，还发明了一句"黄鼠狼给鸡拜年——没安好心"的歇后语。其实，我并不喜欢吃鸡，我更喜欢吃的是老鼠，一年可以捕捉三四百只老鼠。只有在饿极了的时候才会去偷鸡吃。

穴鸮 xiāo

昵称：住地下室的猫头鹰

　　穴鸮是一种小型的猫头鹰，喜欢群居在地下的洞穴里。它们长着一双大长腿，虽然会飞，但它们更喜欢用大长腿在地上奔跑。最让人难以理解的是，它们喜欢捡恶臭的动物粪便来装饰自己的小窝。

住地下室的猫头鹰
一大早就有好运气，瞧瞧，我发现了我最喜欢用来装饰家门口的材料哦！

北美洲·草原

♡ 尾巴响叮当，臭屁篓子，方脸狐狸

尾巴响叮当：这是什么东西？

住地下室的猫头鹰回复尾巴响叮当：当然是新鲜的牛粪呀，哈哈哈！ 😁

臭屁篓子：你用牛粪装饰家门口，臭烘烘的，亏你想得出来。 👏

方脸狐狸：就是，你这是什么恶趣味呀！我吐！

用牛粪装饰自己的家，我真有恶趣味吗？

住地下室的猫头鹰　动物有话说　2天前

　　哈喽，我是"住地下室的猫头鹰"，一只刚成为妈妈的穴鸮。

　　我是一种与众不同的猫头鹰，其他猫头鹰住在树洞里，而我住在地下的洞穴里；其他的猫头鹰是飞行的，而我习惯在地上跳跃；其他猫头鹰昼伏夜出，而我喜欢白天活动，晚上休息。

　　不过，这些都不算太特别，我最特别的地方是喜欢把牛粪弄来摆在自己的洞口。很多人说这是我的恶趣味，其实并非如此。

　　我很喜欢吃昆虫，而许多昆虫是以动物的粪便为食的，比如屎壳郎。我把动物的便便放在家门口，屎壳郎受到引诱就会自动上门。这样一来，我不需要辛苦跑出去觅食，在家门口就能享受到"送餐上门"的外卖服务。

　　另外，堆放在门口的牛粪还起到一种警示作用，告诉其他同类，这个洞穴已经有主了。其他的穴鸮看到洞口的牛粪，就知道如果自己闯进去会引起争斗，会转而去找其他没有牛粪的洞穴啦。

　　所以，别看牛粪臭烘烘的，但对我来讲，它的作用可是非常大。就算有人把牛粪清理掉，我也会很快找来新的牛粪，重新摆在家门口。

响尾蛇

蝮蛇科
动物

昵称：尾巴响叮当

　　响尾蛇是一种毒蛇，它的头部拥有特殊的红外线感应器官，能够感应到附近发热的动物。它发动攻击时，速度非常快，快到人眼睛都看不清。响尾蛇最大的特点当然就是它的尾巴能够发出声音了。

 尾巴响叮当
尾巴摇起来，音乐会开始喽！

北美洲 · 沙漠

♡ 方脸狐狸，住地下室的猫头鹰，平头哥

方脸狐狸：你的尾巴和音乐有什么关系？

尾巴响叮当**回复**方脸狐狸：我的尾巴就是我的乐器呀，你不知道吗？

住地下室的猫头鹰：我说一大早哪里来的噪声，原来是你搞出来。

尾巴响叮当**回复**住地下室的猫头鹰：什么噪声？我可是特殊的音乐家。

平头哥：我看你像辣条。

小心！当我摇尾巴时……

尾巴响叮当　动物有话说　30 分钟前

　　沙沙沙……听到了吗？这是我的尾巴在跟大家打招呼。我是"尾巴响叮当"，一条响尾蛇。这期的文章就来聊聊我会响的尾巴。

　　我的尾巴上有一个能发声的"乐器"，叫做"响环"。它就像一个个的葫芦相互紧扣连接在一起形成的宝塔状的东西。这些环是我蜕皮的残留物，每蜕一次皮，都会有一部分残留在尾巴上，形成一个"葫芦"。响环越多，就表示我的年龄越大。

　　当我快速颤动尾巴时，尾尖的鳞片就会相互摩擦，发出连续的声响。中空的响环这时就像一个扩音器，将鳞片摩擦的声音放大，就成了我招牌式的"沙沙"声。

　　通常我不会轻易摇动尾巴发出声音，一旦我的尾巴发出声响，你就要小心了。因为这是我发出的警告——识相的赶紧离开，否则我就不客气了。我虽然是有毒的蛇，但蛇毒对我来说非常珍贵，不会随便使用。所以，当有敌人靠近时，我会先摇动尾巴，发出声响警告对方。如果对方不理会我的警告，我才会使用毒牙攻击对方。

　　另外，我尾巴发出的"沙沙"声很像水流的声音，会吸引老鼠等动物前来，这时，我就会发动攻击，好好饱餐一顿。

　　不管怎样，当我摇动尾巴发出声响时，就已经进入攻击准备状态。所以，这可能被称为"死亡的声音"更贴切哟。

地下工作者交流会（4）

长耳图图

诸位，我有一个好想法，想不想听听。

大丑猪

什么想法？

地下挖掘机

说说看。

长耳图图

我想，咱们几个可以成立一个工程队。

大丑猪

什么工程队呀？

长耳图图

咱们几个都擅长挖洞，对不对？有很多动物需要洞穴安家居住。咱们可以为他们挖洞，然后赚点吃吃喝喝的好东西。你们觉得怎么样？😁

地下挖掘机

听起来确实不错，咱们怎么分工呢？

长耳图图

咱们四个，一个负责和需要挖洞的动物接洽谈判，一个负责规划洞穴选址，一个负责挖洞穴框架，一个负责地下洞穴的精细挖掘。怎么样？

地下挖掘机

我负责地下洞穴的精细挖掘吧，反正我喜欢在地下待着，不想到地上去。

没记性的挖地专家

那我负责规划洞穴选址好了。

长耳图图

不行，你的记性太差了，你自己选的地址恐怕自己都记不住在哪儿，你负责挖洞穴框架吧。

大丑猪

看来负责和其他动物接洽的工作必须得我来啦。

长耳图图

不行，你长得样子太丑了 ，顾客们看了肯定不舒服。你负责规划洞穴选址好啦。

大丑猪

什么 ？你侮辱没记性的智商就算了，还侮辱我的长相！

没记性的挖地专家

那我负责规划洞穴选址好了。

长耳图图

刚说了你负责挖洞穴框架呀！

大丑猪

长耳朵，你自己想负责什么？

长耳图图

我当然负责和顾客们接洽的艰难工作呀。

大丑猪

说的比唱的好听，告诉你，不可能。要负责接洽的工作必须是我，否则免谈。

没记性的挖地专家

那我负责规划洞穴选址好了。否则免谈。

长耳图图

这……算了算了，当我没说过，散了。

鼹鼠

昵称：地下挖掘机

鼹鼠嘴尖，四肢短小，外形就像一只矮胖的老鼠，但它和老鼠的关系很远很远。鼹鼠几乎丧失了视力，但嗅觉非常发达。它喜欢在潮湿的地下过着暗无天日的生活。

 地下挖掘机

忙里偷闲，出来跟各位打个招呼。

亚洲·华北平原

♡ 长耳图图，大丑猪，没记性的挖地专家

长耳图图：好久不见，你在忙什么呀？

地下挖掘机回复长耳图图：忙着在地下挖洞啊。

大丑猪：出来和大家一起玩玩呗。

没记性的挖地专家：就是，成天在地下挖呀挖的，多无聊。

地下挖掘机：不了，在地上我难受，还是习惯在地下。

"地下挖掘机"是怎样练成的?

地下挖掘机 动物有话说 10 小时前

　　大家好，我是"地下挖掘机"，一只成年的鼹鼠。

　　虽然我的名字中带一个"鼠"字，但我并不是老鼠，而且比老鼠更善于在地下挖洞。我的昵称"地下挖掘机"就是因此而来。

　　为了方便在地下挖洞，我的身体长成了圆筒形，几乎没有脖子，皮毛紧密、柔软、光滑、有弹性，这一切都非常适合在地下狭窄的地道中自由穿梭。

　　最能凸显我"专业挖掘"气质的就是我的一对前掌。它们又宽又扁，上面还长着锋利而坚硬的爪子，简直就是两把天生的铁铲子，非常适合挖土。

　　一般的动物挖土的方式是用爪子往下刨，把挖掘的土从身体下面推到后面去。我的一对铁铲子却是向外翻的，而且爪子几乎与身体平行。所以，我挖土的姿势很特别，就像游泳一样用前掌把挖掘的土交替从身体两侧拨向身体后方。

　　除了身形、皮毛、挖土的前掌外，我还退化掉了眼睛和耳朵，免得在地下挖掘时，土会灌进去。因为我的视力完全退化，而且生活在地下经常不见天日，很不喜欢阳光照射。一旦让我长时间接触阳光，我的身体就会发生问题，严重点还可能会丢掉性命。这就是我不喜欢白天到地上活动的原因。

穴兔

昵称：长耳图图

　　穴兔是家兔的祖先，喜欢群居在地下的洞穴里。它们的天敌有很多，而且它们的体格也没有与天敌对抗的资本。除了强大的繁殖能力外，洞穴就成为它们最重要的一种保护屏障。

 长耳图图

小兔子乖又乖，两只耳朵竖起来，爱吃青草，爱吃菜，蹦蹦跳跳真可爱。

欧洲·草原

♡ 没记性的挖地专家，大丑猪，地下挖掘机

没记性的挖地专家：虽然我记性差，但我记得这首儿歌是"小白兔白又白"吧。

长耳图图：我不是白兔，所以改了改歌词嘛。😁

大丑猪：后面应该是"爱吃萝卜爱吃菜"。

长耳图图回复大丑猪：这个嘛……其实我并不喜欢吃萝卜，喜欢吃青草和菜，尤其喜欢吃离家比较远的青草。

地下挖掘机：你为什么喜欢吃离家远的青草呢？

告诉你为什么"兔子不吃窝边草"

长耳图图 动物有话说 20 分钟前

亲爱的朋友们，我是"长耳图图"，一只可爱的小穴兔。刚才在我的朋友圈中，鼹鼠问我"为什么喜欢吃离家远的青草？"我问了好多长辈，得到了许多答案，就在这篇文章中解答一番。

我们兔子是一种非常弱势的动物，没有能够对付敌人的力量，于是就想出在青草丰茂的地方打洞居住的办法。洞口藏在草丛中，不容易被敌人发现。如果我们把窝边的青草吃掉了，那不就等于把洞口暴露了？会让敌人很轻易地找到我们的藏身之处。

另外，窝边的草也可以算作我们的储备粮仓。冬天的时候草木枯萎，很容易找不到草吃。这时，我们就可以用窝边草作为应急的口粮啦。如果平时我们把窝边草吃掉，到了紧急时候，我们很容易饿肚子。

还有，我们的窝在草木茂盛的地方，这些草木地下的根系非常发达，可以对我们的巢穴起到加固的作用。如果我们把窝边的草都吃光了，很可能会造成洞穴的坍塌。

因此，我们祖祖辈辈的兔子都有不吃窝边草的习惯。

疣 yóu 猪

昵称：大丑猪

疣猪是非洲的一种野生猪，有时独自居住，有时群居。它们善于挖洞，但更喜欢占据其他动物已经挖好的洞。它们的主要对手是花豹和鬣狗。如果你见到了疣猪，第一个反应肯定是"丑"。它为什么长得这么丑呢？

 大丑猪
这届的"大草原最丑动物"评选中，我赢得了冠军🏆，不知道该高兴还是该难过。

非洲·大草原

♡ 没记性的挖地专家，长耳图图，地下挖掘机

没记性的挖地专家：在这个奖的评选中，你已经取得三连冠啦！

长耳图图：哇！奖杯上有你的头像，变得像你一样丑。👏

大丑猪回复长耳图图：我有什么办法👏？丑是天生的。

地下挖掘机：抱歉啊，地下信号不好，恭喜恭喜。

大丑猪回复地下挖掘机：你果然眼瞎，这有什么好恭喜的！

如果动物的颜值满分100，我可以给自己打负分

大丑猪 动物有话说 2 天前

　　大家好，我是"大丑猪"，一只成年公疣猪。说起我最大的特点，在两天前的那个朋友圈中提到过了，就是一个字：丑！

　　我是一种生活在非洲的野生猪。常见的普通猪已经够丑陋了，可要是和我相比，它们都算是"美丽猪"。

　　我来给你讲讲我丑的地方：首先，我长了一颗大脑袋，这个大脑袋占我身体的三分之一，看起来很不协调。其次，我长了一张长长的嘴巴和像胡子一样弯曲翘起来的獠牙。最后，我的皮毛非常粗糙，毫无光泽，看起来土里土气的。

　　不仅仅如此，我的脸上还偏偏长了两对疣，就是通常所说的瘊子。一对大疣长在眼睛下面，一对小疣长在嘴巴上面。这两对疣就是我名字"疣猪"的由来，同时，它们也让我变得更加难看。

　　这些疣的存在并不是为了让我更丑，因为我喜欢住在洞里。挖洞时，是用嘴巴和獠牙把地上的土拱起来，它们可以保护我的眼睛不会进土。

　　有时候我突然冲出来，还能靠着这张非常丑陋的脸吓到敌人呢。丑到连敌人都害怕，也不知道是该高兴还是该难过！

土豚 tún

土豚科
动物

昵称：没记性的挖地专家

　　土豚生活在非洲，又被称为"非洲食蚁兽"，主要食物是蚂蚁和白蚁。土豚的外形像猪，又像袋鼠。它们非常善于挖洞，往往几分钟就能挖出一个大洞。土豚经常会挖很多的洞，难道是因为它们挖洞上瘾吗？

 ## 没记性的挖地专家
我的新家，真是非常非常舒服呀！

非洲 · 撒哈拉沙漠南

　♡ 大丑猪，长耳图图，地下挖掘机

大丑猪：你又挖了一个新洞穴呀，地点在哪儿？告诉我吧。没准明天你就不要了。

没记性的挖地专家回复大丑猪：我凭什么不要呀？

长耳图图：还用说吗 😛 ？你都舍弃多少洞穴啦。前几天你发朋友圈就说刚挖了一个洞，今天又挖了一个。

没记性的挖地专家：是吗？我怎么不记得了。

地下挖掘机：抱歉啊，地下信号不好，现在才给你点赞。

找不到家怎么办？好办，立刻重建一个

没记性的挖地专家　动物有话说　1天前

　　诸位，早上好，我是"没记性的挖地专家"，一只土豚，一种体型像袋鼠，嘴巴像猪嘴，耳朵像驴耳的奇怪动物。

　　我最拿手的本事就是挖洞了。我挖的洞短的有十米左右，长的可以达到几十米的长度，而且我经常到处挖洞。有的地方我挖的洞连起来能达到上百千米，简直就是一座地下城市。

　　我挖的洞不仅仅我住，蜥蜴、蛇、野兔、蜜獾、疣猪，甚至豹子和狮子等邻居都会住在我挖的洞里，或者用我挖的洞躲避风雨。

　　如果你觉得我有一副为邻居们挖洞的好心肠，那就大错特错啦！我之所以挖这么多洞，只是因为我是一个"路痴"。

　　我喜欢在晚上出去找白蚁吃。我的食量很大，一晚上能吃掉约五万只白蚁。为了吃饱肚子，我整晚都会到处找白蚁的巢穴。忙碌一整晚的我，到了天亮会觉得非常累，想要回家休息。这时，我忽然发现找不到回家的路了。

　　于是，我只好就地重新挖一个洞了。好在我的爪子非常锋利，就算坚硬的石头也会被我很快凿开。只需要几分钟，我就能重新挖出一个新洞，然后进洞里舒舒服服休息。至于我之前挖的洞呢，就被其他的动物占据，变成了他们的家啦！

　　好了，我该回家了。糟糕，又找不到回家的路了，还是重新挖一个吧。

身披甲刺小分队（4）

 长刺的球

这次"动物大联欢"你们都想好表演什么节目了吗?

 我是大刺头

还没想好，你呢?

 长刺的球

我想表演一个"扎果子"的节目。

 我叫穿山甲

"扎果子"节目? 怎么扎?

 长刺的球

就是别人把果子扔到空中，我用背上的刺把果子接住，扎在自己的刺上。

 我是大刺头

听起来还不错。那我就表演一个"脱刺射箭"吧。

 披甲大老鼠

怎么表演呀?

 我是大刺头

我身上的长刺能脱落下来，我就用脱落下来的长刺来射箭靶。

 长刺的球

这个好，比我的节目好看多啦。另外两位呢? 想好了吗?

 披甲大老鼠

我想表演一个"滚球"的杂技，你们觉得怎么样?

 我是大刺头

说说看。

披甲大老鼠

我可以把自己的身体蜷曲成一个圆滚滚的球，然后在搭建好的舞台上滚动，甚至还可以让其他动物配合我，把我当足球一样踢来踢去。

长刺的球

精彩精彩，这个绝对精彩。穿山甲，你呢？

我叫穿山甲

我也可以把身子蜷缩成一团，可是没有"披甲大老鼠"那么圆，估计做出来也没他的精彩。愁啊愁！

我是大刺头

对了，我前几天看到你用两条后腿走路，那模样就跟传说中的霸王龙似的，看起来很有趣哟。

我叫穿山甲

这算什么 ，难道要我去表演走路吗？那不被人哄下台才怪。

披甲大老鼠

有了，你可以穿一个霸王龙的外套，在舞台上模仿霸王龙。

我叫穿山甲

这 ……这可以吗？

我是大刺头

绝对可以，我相信可以引爆全场的。

我叫穿山甲

好，那就这么定了，我现在就去做霸王龙的外套。

刺猬

昵称：长刺的球

刺猬是一种小型的哺乳动物，又胖又矮，长着四条小短腿，跑不快。它最明显的特点是身上长着棘刺，这些棘刺像钢针一样硬。遇到危险时，它就蜷曲身子，把棘刺向外竖起来，就像一层带刺的铠甲。不过，有的动物却可以轻松对付它。

长刺的球
今天吃板栗时，有只松鼠居然想把我当成板栗吃。你们说：气人不气人？

亚洲 · 华北平原

♡ 我是大刺头，我叫穿山甲，披甲大老鼠

我是大刺头：**点赞** 👍，对于这些不尊重咱们的家伙，就该让它们好好长长记性。

我叫穿山甲：哈哈哈，谁叫你长得就像一个大板栗。🤚

披甲大老鼠：虽然我披着一身铠甲，但还是挺羡慕你这身刺的，没有动物敢惹。

长刺的球回复披甲大老鼠：卤水点豆腐——一物降一物，我也有害怕的对手呀。

42

身为一个"铁蒺藜"，最怕的就是化学武器

长刺的球 动物有话说 15 分钟前

身圆圆，嘴尖尖，身上没弓只有箭。

朋友们，你们能猜出这个谜语说的是什么动物吗？

猜对了，这个谜语的谜底就是我——刺猬。

从名字你就知道我的特点：身上长着刺。没错，除了肚子以外，我全身长着短粗的硬刺，有 5 000 多根。这些硬刺并不是特别的东西，而是我的毛发，只是发生了变异，变得硬而尖。

我的个头很小，行动很慢，胆子又非常小，一旦碰上了敌人，既无力对抗，又逃不掉。这时，硬刺就该发挥作用了。我会立即将身体蜷缩成一个球，包住头、四肢和柔软的肚子，对外竖起硬刺，宛如古代的兵器"铁蒺藜"。这样一来，就算是狮子、老虎等猛兽对我也无可奈何，甚至还会被刺弄伤。

不过，我的硬刺能够对付尖牙利爪，却对付不了"化学武器"。这种我害怕的"化学武器"就是黄鼠狼的臭屁。当我蜷缩成球时，黄鼠狼会寻找缝隙，对着我的头部放一个大臭屁。这种臭屁的威力巨大，有时候会将我熏得直接麻痹，身体就会伸展开，露出脆弱的肚子，这样我就变成了黄鼠狼的美餐。

哇！我闻到了危险的气息在靠近，就先写到这里吧。

豪猪

昵称：我是大刺头

　　豪猪是身上长满棘刺的动物，行动缓慢，反应力也比较差，视力和听力都很不灵敏。但因为身上有长长的棘刺，豪猪并不好惹。一旦遇到危险，它就会把长长的棘刺竖起来，后退着刺向敌人。

 我是大刺头
从今天起，请叫我"箭客"！

非洲 · 大草原

　♡ 长刺的球，披甲大老鼠，我叫穿山甲

长刺的球：刺头哥威武霸气 😐 ，与你一比，我这身刺就是小钢针，你是一身大宝剑。

我是大刺头回复长刺的球：客气客气，适合自己的就是好的。 😆

披甲大老鼠：这么长这么粗的刺，弄掉了是不是很可惜呀。

我叫穿山甲：听说你们不能靠得太近，太近就会刺伤对方哟。

我是大刺头：@披甲大老鼠 我叫穿山甲 关于这些问题，我写篇文章统一回复吧。

招惹了我这个"大刺头"，你一定会后悔的

我是大刺头　动物有话说　6个小时前

我来了，一头成年豪猪。"唰唰唰"的声音，是我身上的硬刺摩擦发出的声音。

我的昵称是"我是大刺头"，因为我背上和尾巴上长满又长又硬的刺。

我身上的硬刺有35厘米长，就像一根根的箭一样。这些刺上还长满了倒刺，一旦被它们刺中，想要拔出来非常难。就像刺猬一样，当我遇到敌人时，会把身上的硬刺竖起来，对着敌人进行防御。不同的是，刺猬的刺不能脱落，而我的刺能够轻松地脱落。很多招惹我的对手，往往最后被扎得满身带刺，痛苦不堪。

其实，我的刺和人类的头发成分相似，并且也会像人类的头发一样再生。就算脱落掉一些刺，过段时间还会重新长出来。

因为我的刺竖起来后别人很难接近，所以很多人就认为我和我的同伴之间需要保持安全的距离。其实并不是这样。当没有遇到危险时，我们的刺是紧贴在身体上不竖起来的，并不会伤害彼此。

但有人招惹我这个大刺头，我绝对会用"箭"一般的尖刺，让他们流下悔恨的泪水。

穿山甲

昵称：我叫穿山甲

穿山甲是一种身披鳞片的哺乳动物。它长着锋利的爪子和细长的舌头，用来挖掘蚂蚁和白蚁的洞穴。穿山甲的视力不好，依靠灵敏的嗅觉寻找猎物。全身坚硬的鳞片是它保护自己、抵抗敌人最有力的武器。

 我叫穿山甲
看我霸气的走路方式有没有高大威猛霸王龙的影子？

非洲南部

♡ 披甲大老鼠，我是大刺头，长刺的球

披甲大老鼠：我看着更像超级怪兽哥斯拉，哈哈哈！

我叫穿山甲回复披甲大老鼠：那我不是无敌啦！

我是大刺头：你用两条腿走路呀，稀奇，佩服！

长刺的球：肯定是 P 的，我看其他穿山甲都是四条腿走路。

我叫穿山甲回复长刺的球：那是你无知呀！

告诉你一些穿山甲的冷知识

我叫穿山甲 动物有话说 20分钟前

你们好，我是"我叫穿山甲"，一只生在非洲南部的南非穿山甲。在这篇文章里，我想告诉你一些穿山甲的冷知识。

我们穿山甲家族有8个不同的种类，其中4种主要生活在树上，4种生活在地上。我们的身上都长满坚硬的鳞片，就像古代战士穿的锁子甲一样。受到威胁时，我们会把身体蜷缩成一个球，保护柔软的腹部。敌人面对坚硬的球无法下嘴，只能放弃。

我们都喜欢吃蚂蚁和白蚁，靠一条又细又长的黏糊糊的舌头伸进蚁穴中捕食。我们舌头惊人地长，甚至比我们的身体还要长。

我们的一对前爪强壮有力，非常善于挖掘。我们用一对后腿行走，长尾巴用来保持身体的平衡。不过，除了我们南非穿山甲，其他的穿山甲都是用四条腿走路的。

虽然我们叫穿山甲，但并不能穿山。如果是一座小土丘，我们打穿它并不难。不过大部分山里都有很多石头，遇到石头，我们就打不穿了。所以，"穿山甲"这个名号，我们还真有点名不副实呦。

犰狳 qiú yú

昵称：披甲大老鼠

犰狳全身披着坚硬的骨质铠甲，外形像一只大老鼠，所以被称为"铠鼠"。别看它长成这样，但它的速度非常惊人，遇到危险通常会选择快速逃跑。但有一些犰狳会蜷缩成球，用坚硬的铠甲保护自己。

 ## 披甲大老鼠
给大家表演一个杂技，1、2、3，变身成足球！

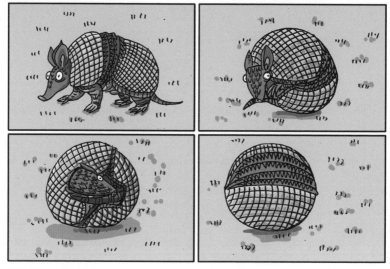

南美洲·热带森林

♡ 我叫穿山甲，长刺的球，我是大刺头

我叫穿山甲：你这个身体蜷曲得比我要圆得多啦！

长刺的球回复我叫穿山甲：不仅比你圆，看起来比你还要硬啊！

披甲大老鼠回复长刺的球：那当然，我这才是名副其实的"铠甲"！👍

我是大刺头：犰狳老弟，我们明天想踢场足球比赛，现在就缺一个足球啦！你看怎么办？

披甲大老鼠回复我是大刺头：你的意思是想踢我呗。

子弹都无法穿透的外壳，你见过吗？

披甲大老鼠 动物有话说 1天前

我是"披甲大老鼠"，一只成年犰狳，又被人称为"铠鼠"，因为我长得像一只大老鼠，但身上并没有长满毛，而是披着厚厚的骨质铠甲。

我的这身外壳有多硬呢？说出来肯定吓你一跳。曾经有一颗左轮手枪射出的子弹打在我的铠甲上，结果不仅没能打穿我的铠甲，子弹反而被弹了回去。

当我遇到危险时，就将身体用铠甲包裹起来，变成一个球。或者快速在地上挖一个洞，将头伸进去，坚硬的后背露在外面堵住洞口。这样，我就像练就了金钟罩、铁布衫的武林高手，让对手束手无策。

不过，犰狳家族有20多种成员，只有少数几种能像我一样把身体蜷缩成球。大部分的犰狳遇到危险都会逃跑，奔跑速度比人类最快的百米运动员都要快。

我最大的天敌是人类的车辆。我喜欢在公路上溜达，当行驶的汽车经过时，我就会因受到惊吓而本能跳起来，很容易撞上飞驰的汽车。这时候，金钟罩、铁布衫也保不住我啦！

地下虫族（5）

忙碌小蚂蚁

"第十届昆虫运动会"即将开始了，群里的各位兄弟都选好参加的项目了吗？

蟋蟀有点帅

我报了自由搏击和跳远。

忙碌小蚂蚁

你天天打架，报自由搏击倒是挺合适。不过跳远你行吗？

蟋蟀有点帅

跳远我行吗？太行了。我后腿发达，是天生的世界级跳远选手，一下子可以跳 90 厘米，毫不费劲儿。 小蚂蚁，你参加什么运动？

忙碌小蚂蚁

我想参加举重比赛，我可以举起比自己重 400 倍的东西。

重口味昆虫

不好意思，我报了举重比赛，而且我能举起比自己重 1 000 多倍的东西。我劝你换项目吧。

忙碌小蚂蚁

那我和我的伙伴们参加团体项目吧。

吃木头达人

参加拔河吧。你们力气都不小，最关键的是团队配合得非常好，参加拔河肯定能得冠军。

忙碌小蚂蚁

这倒是个可以考虑的项目。你呢，你要参加什么？

吃木头达人

唉，我的运动能力不行，没有什么突出的优势，唯一的优势就是吃啦。

蟋蟀有点帅

吃？哈哈哈 😂，你问问群里的哪个不能吃？

吃木头达人

我吃的东西可不一样，我是吃木头、砖头、瓦块、各种硬邦邦的金属，你行吗？😎

蟋蟀有点帅

这我还真不行。不过运动会也没有这样的项目呀。我看不如你报个表演赛，给大家表演一下你吃的绝活。😏

不想长大的知了

@吃木头达人 咱俩的情况一样，没啥太突出的运动能力。要是比嗓门，比唱歌，我还行。

忙碌小蚂蚁

知了，我觉得你可以参加比耐力的项目。

不想长大的知了

耐力 😶？我有啥耐力我都不知道。

忙碌小蚂蚁

你不是能在地下待好多年吗？就和其他昆虫比这个，比在地下的耐力。

蟋蟀有点帅

运动会也没这个项目呀。要我说，知了当啦啦队给我们加油吧，正好发挥他大嗓门的优势。

不想长大的知了

这个好。有我给你们加油,你们一定能赢。

蚂蚁

蚁科动物

昵称：忙碌小蚂蚁

　　蚂蚁是一种常见的昆虫，喜欢过群居生活。蚂蚁的种类非常多，世界上有 11 700 多种蚂蚁。它们终日忙碌不停，不是搬运食物，就是挖掘洞穴。让人想不到是，有些蚂蚁。还会放牧和种蘑菇呢。

 忙碌小蚂蚁
今天天气真不错，非常适合放牧哟！

亚洲·华北平原

♡ 吃木头达人，不想长大的知了，蟋蟀有点帅，重口味昆虫

吃木头达人：你放牧的动物是什么？蚜虫吗？

忙碌小蚂蚁回复吃木头达人：猜对了。👍

不想长大的知了：顶，哪天也带咱一起去体验体验。

蟋蟀有点帅：挺能干呀，都学会放牧了。

忙碌小蚂蚁回复蟋蟀有点帅：不只会放牧，还会种菜呢？🐛

重口味昆虫：最近便便吃腻了，改改口味尝尝你种的菜。

放牧，种蘑菇，人类做的事我居然也能做

忙碌小蚂蚁 动物有话说 10分钟前

我是"忙碌小蚂蚁"，这篇文章是我在百忙之中写的。

提起放牧、种蘑菇，你肯定会认为这是人类才能干的事。

但我要告诉你，我也会。

看过我朋友圈照片的都知道，我放牧的动物不是牛、马、羊，而是蚜虫。蚜虫会分泌一种叫蜜露的东西，里面含有丰富的糖，是我最喜爱的甜点。所以，我们会围在蚜虫周围，时不时地用触角触碰蚜虫，刺激它们分泌蜜露。如果有瓢虫来捕食蚜虫，我会马上把瓢虫赶走，保护蚜虫。我还会把蚜虫的卵搬进蚁穴中照顾，等孵化出幼虫，再把幼虫搬到嫩枝上放牧。

另外，我还会开辟"蘑菇农场"，找来树叶切碎做成种植的肥料，再把储存好的菌种种在上面。等蘑菇长出来后，就可以供我食用了。在蘑菇的生长过程中，我会悉心照料，不仅会去除杂物，还能从身上的细菌中提取一种"农药"，用来消灭破坏蘑菇生长的霉菌。

怎么样，你现在是不是觉得本来就很能干的我更能干了呢？

白蚁

昵称：吃木头达人

很多人看到"白蚁"的名字，会认为它是白色的蚂蚁。其实，白蚁和蚂蚁差别很大，反而和讨厌的蟑螂关系比较亲近。白蚁和蚂蚁一样，也喜欢过群居生活，但白蚁更喜欢吃木头。难道木头很好吃吗？

吃木头达人

这根木头马上要被吃完了，又该寻找新的木头喽。

亚洲 · 华北平原

♡ 忙碌小蚂蚁，蟋蟀有点帅，重口味昆虫

忙碌小蚂蚁：吃点什么不好，非要吃那么难吃的木头。

吃木头达人回复忙碌小蚂蚁：嘿嘿👆，咱就好这口。

蟋蟀有点帅：佩服佩服，居然能咬得动木头。

吃木头达人回复蟋蟀有点帅：牙口好，吃嘛嘛香。😁

重口味昆虫：我口味重，你口味硬。

木头算什么，砖瓦、金属我们照样吃

吃木头达人　动物有话说　8小时前

　　嗨，我是"吃木头达人"，一只小小的白蚁。这篇文章我要和你们聊聊关于"吃"的话题。

　　众所周知，我非常喜欢吃木头，都羡慕我有个好胃口，能够消化这么坚硬干涩的东西。其实，能消化木头的并不是我，而是住在我肚子里的鞭毛虫和细菌。当我把木头吞进肚子里后，会先将木头磨碎，然后就要靠鞭毛虫和细菌将木头分解成其他东西了。这些东西中有的可以被我吸收利用，作为身体能量的来源。如果把鞭毛虫和细菌从我肚子里取走，几个星期内我就会被饿死。

　　所以，肚子里的鞭毛虫、细菌和我是互惠互利的共生关系。

　　吃木头其实没什么了不起，砖瓦、金属这些更加坚硬的东西我也照吃不误。这是因为我能吐一种高浓度的蚁酸，可以腐蚀砖瓦、金属。传说古代一个县衙的库存白银少了几千两，县太爷严令银库总管限期破案，可怎么也找不到窃贼。最后才发现，白银是被白蚁吃掉的。因为蚁酸可以把白银腐蚀成黑色粉末状的蚁酸银，然后吃进肚子里。

　　所以，你一定要看好家里的木家具、金银首饰，不要被我吃掉哦。

蝉

蝉科动物

昵称：不想长大的知了

　　蝉是夏天常见的昆虫，因为它的叫声很像"知了、知了"，所以又叫知了。蝉的幼年是在地下生活，靠吸食植物根部的汁液生活。它钻出地面，变成会飞的成虫后，只能活一个月左右。不过，蝉在地下度过的时间很长，有的 3 年，有的 5 年，有的 7 年，更有的能达到 17 年。

不想长大的知了
今天是我的 7 岁生日，这一天我成年啦。结束了 7 年的地下生活，我终于来到了地上，看着周围陌生的一切，让我很紧张呀！

亚洲·华北平原

♡ 蟋蟀有点帅，吃木头达人，忙碌小蚂蚁，重口味昆虫

蟋蟀有点帅：生日快乐！我为你高歌一曲庆祝。🎤

吃木头的达人：生日快乐！

忙碌的小蚂蚁：生日快乐，有空一起玩。不过我每天都很忙。

不想长大的知了回复蟋蟀有点帅：谢谢，咱俩可以合唱一曲哟。😁

重口味昆虫：我想问，你为什么在地下过 7 年呀，地下那么好玩吗？

不想长大的知了回复重口味昆虫：这个嘛……是我经过数学计算的。

你可能不知道，作为一只蝉竟然是天生的数学家

不想长大的知了 动物有话说 1天前

　　我是刚刚过完7岁生日的"不想长大的知了"，一只刚成年的蝉。我是天生的歌者，在炎炎夏日总能听到我在树上引吭高歌。但你们不知道的是，我还是天生的数学家。

　　大家都知道，我们蝉出生后会钻进地下，在地下生活几年甚至十几年才会破土而出。不同的种类都会选择在出生后的第3、5、7、11、13或17年之后钻出地面。如果你对数学有所了解的话就会发现，这些年份有一个共同点：都是质数。你知道为什么吗？

　　据说，这是我们蝉选择的一种最大生存率策略。

　　一方面，这样减少了不同种类的蝉在同一年出土被天敌团灭的机会。比如，第3年和第5年出土的蝉，每隔15年才能出现一次它们一起破土而出。

　　另一方面，这样可以避开周期性的天敌。假如我们的出土周期是12年，而天敌的周期有1年、2年、3年、4年、6年、12年好几种。那我们每次出土时，必然会遇到这6种天敌，对我们非常不利。而如果我们出土周期是13年，就只能遇到周期是1年和13年的天敌。

　　这样，我们以质数年为出土周期，不同种类分批出土，就能最大限度地避开天敌。你说，我们算不算天才数学家呀？

蟋蟀

昵称：蟋蟀有点帅

　　蟋蟀俗称"蛐蛐"，长得像蚂蚱，但是它颜色大都是黑褐色，触须也更长，甚至比身体还要长。蟋蟀喜欢独自居住，它性情孤僻，脾气很大，尤其是雄性的蟋蟀，它们经常发生惨烈的争斗。

 蟋蟀有点帅

"蛐蛐争霸赛"即将开始，努力训练，一举夺魁。加油加油加油！

亚洲·华北平原

♡ 吃木头达人，不想长大的知了，忙碌小蚂蚁，重口味昆虫

吃木头达人：有毅力👍，为帅哥疯狂打 call！

不想长大的知了：哇💀，期待期待！

蟋蟀有点帅回复不想长大的知了：谢谢，欢迎到时候带朋友一起来观看比赛。

忙碌小蚂蚁：提前预祝🙏比赛夺冠，我太忙，就不去看比赛啦！

重口味昆虫：我去我去，我推着粪球去给你加油助威。

蟋蟀有点帅回复重口味昆虫：这个……还是……算了吧。

我的日常三件事：吃饭、鸣叫和打架

蟋蟀有点帅　动物有话说　12 小时前

"唧唧吱、唧唧吱……"

朋友们，现在是"蟋蟀有点帅"跟诸位打招呼。身为一只成年的雄性蟋蟀，我每天几乎在做三件事：吃饭、鸣叫和打架。当然有时候我也会挖掘洞穴，大家肯定都读过法布尔的《蟋蟀的住宅》吧。

吃饭这件事我比较随意，各种植物的根、茎、叶、种子、果实，我统统都吃。

鸣叫这件事是我们蟋蟀先生才能做的事，蟋蟀女士是不会发出叫声的。我的鸣叫声调、频率不同表达的意思也不同。如果我发出动听的叫声，一般是为了吸引蟋蟀女士的注意。如果发出响亮的长节奏的声音，是在警告其他蟋蟀先生不准靠近。如果他们不听警告继续靠近，我就会发出威严而急促的声音，严正警告。

假如对方还是无视我的警告，那就只能以一场打架解决了。我生性孤独，喜欢独自占据一块地盘。在我的地盘，绝对不允许其他蟋蟀染指。否则，我就会非常生气，张开钳子似的大口和对方狠狠地打上一架。

因为我们天生爱打架，从古至今，人们都喜欢用我们进行玩逗，俗称"斗蛐蛐"。人们会用草枝不断地刺激挑逗我们，就像被挠痒痒一般，我们就会被激怒，把怒气撒在另一只蟋蟀身上。一场大战就这样厮杀到分出胜负为止。

蜣 qiāng 螂 láng

昵称：重口味昆虫

　　蜣螂是一种披着硬壳的黑色昆虫。大多数的蜣螂以动物的粪便为食，所以又被叫作屎壳郎。它们会把动物的粪便做成圆滚滚的粪球，推到家里埋好供自己和后代食用。你可不要小瞧简单的推粪球工作，那可不是谁都能做的。

重口味昆虫
因业务拓展，我新做了一张名片。
欢迎诸位转发扩散。

蜣螂（重口昆虫）
粪便清洁师

电话：7758521
邮箱：qianglang@qingli.com
网址：www.fenbianzhaowo.com

从事清理牛粪、马粪、猪粪、大象粪等各类粪便
被授予"大自然清道夫"光荣称号

非洲·大草原

♡ 吃木头达人，忙碌小蚂蚁，蟋蟀有点帅，不想长大的知了

吃木头达人：已转发！

忙碌小蚂蚁：已转发！

蟋蟀有点帅：我真是服了，一个吃粪便的还弄个名片。

不想长大的知了：兄弟我挺你，希望你把全天下的粪便都清理掉，成为"宇宙清道夫"，加油！

推粪球怎么了，推粪球也是一门手艺

重口味昆虫 动物有话说 5 小时前

　　大家好，我是"重口味昆虫"，一只蜣螂，俗称屎壳郎。在你们的印象中，我出场似乎自带便便的气味，整日推着粪球在路上跑。

　　但我要告诉你，推粪球也是一门手艺，不是谁想推就能推的。

　　对于推粪球这件事，我有三门绝技：光定位系统、做圆粪球和超强力量。

　　我具有趋光性，是个追逐光明的角色。我寻找到动物的便便就是靠光进行精准定位的。凭借着日光、月光，我不仅可以不迷路，而且可以选择最短的直线距离找到便便。

　　那些大块头动物的便便对于我这个小不点来说，依然是庞然大物。但我可以依靠自己的嘴巴和腿，将便便分块，然后做成圆滚滚的粪球。因为我知道，圆滚滚的东西推起来更加轻松方便。

　　另外，我力量超强，是昆虫界的大力士。说起来你可能不信，我可以推动比我重 1 000 多倍的东西，相当于一个人推动一辆 60 多吨的重型坦克。有了超强的力量，我就可以将大粪球从很远的地方推回来。

　　如果你还以我与粪球为伍歧视我，那么我问你，如果没有我，这个世界会变成什么样？到处都是粪便。那时，可能你们都要去推粪球啦。

　　在古埃及传说中，我是太阳神的象征。所以，千万不要拿推粪球不当回事。

图书在版编目（CIP）数据

如果动物也有朋友圈：全 4 册 / 知舟著 . — 北京：
北京理工大学出版社 , 2022.7
ISBN 978-7-5763-0942-3

Ⅰ . ①如… Ⅱ . ①知… Ⅲ . ①动物 – 儿童读物 Ⅳ .
① Q95–49

中国版本图书馆 CIP 数据核字 (2022) 第 027540 号

出版发行 / 北京理工大学出版社有限责任公司
社　　址 / 北京市海淀区中关村南大街 5 号
邮　　编 / 100081
电　　话 /（010）68914775（总编室）
　　　　　（010）82562903（教材售后服务热线）
　　　　　（010）68944723（其他图书服务热线）
网　　址 / http：//www.bitpress.com.cn
经　　销 / 全国各地新华书店
印　　刷 / 雅迪云印（天津）科技有限公司　　　　　策划编辑 / 张艳茹
开　　本 / 710 毫米 ×1000 毫米　1/16　　　　　　责任编辑 / 申玉琴
印　　张 / 16　　　　　　　　　　　　　　　　　文案编辑 / 申玉琴
字　　数 / 276 千字　　　　　　　　　　　　　　责任校对 / 周瑞红
版　　次 / 2022 年 7 月第 1 版　2022 年 7 月第 1 次印刷　责任印制 / 施胜娟
定　　价 / 238.00 元（全 4 册）　　　　　　　　排版设计 / 杨雅冰